火星传说

著／贾　飞
绘　　图／陈冉勃　乔雅琼
项目统筹／凌　晨　崔婷婷

图书在版编目（CIP）数据

火星传说 / 贾飞著 . —大连 : 大连出版社 ,2021.1
（火星喵宇宙探索科普故事）
ISBN 978-7-5505-1638-0

Ⅰ . ①火… Ⅱ . ①贾… Ⅲ . ①火星 – 少儿读物
Ⅳ . ① P185.3-49

中国版本图书馆 CIP 数据核字 (2020) 第 263655 号

火星传说

HUOXING CHUANSHUO

出 版 人：刘明辉
策划编辑：王德杰　　封面设计：林　洋
责任编辑：王德杰　　封面绘图：何茂葵
助理编辑：杜　鑫　　版式设计：邹　敬
责任校对：李玉芝　　责任印制：刘正兴

出版发行者：大连出版社
地　　址：大连市高新园区亿阳路 6 号三丰大厦 A 座 18 层
邮　　编：116023
电　　话：0411-83620722 / 83621075
传　　真：0411-83610391
网　　址：http://www.dbjsj.com
http://www.dlmpm.com
邮　　箱：525247891@qq.com
印 刷 者：大连金华光彩色印刷有限公司
经 销 者：各地新华书店

幅面尺寸：185mm×260mm
印　　张：8.5
字　　数：60 千字
出版时间：2021 年 1 月第 1 版
印刷时间：2021 年 1 月第 1 次印刷
书　　号：ISBN 978-7-5505-1638-0
定　　价：58.00 元

目录

我是火星喵
火星万事通

1 喵老师：火星夏令营演出季开始了

嗨，这里是火星夏令营，本喵就是智慧无穷的火星喵老师。今年夏令营演出季的主题是“地球人写的火星故事”。哈哈，让我们来看看地球人是怎么写火星的，那可真是五花八门，千奇百怪，想啥的都有，就是没几个人写的火星和真实的火星相像。这也不能责怪地球人，毕竟他们都没来过火星。关于火星的一切，就只能依靠他们天马行空的想象了。

拿了地球人写的火星故事做剧本，当然也是地球人自己来演最好了。听说在地球上，人们经常去剧场看话剧，欣赏由表

演者配以灯光、布景、声效等的近距离表演……哈哈，现在，舞台搬到了火星，本喵要看看地球人这次怎么折腾。小飞——那个地球小子说，迟早会在火星修一个像中国国家大剧院那样豪华的大剧院。现在，我们这个夏令营先把演出搞起来，舞台虽然小一点儿，没地球上的那么绚丽，但仍然能给大家带来激动和快乐。

这次演出季将上演七个火星故事，小飞将和本喵一起做现场报道，给大家带来演出的精彩解说。小飞从地球上带来了许多看剧必备零食：爆米花、薯片……啥？看剧不是看电影，不能带零食？只能带望远镜，手机还得静音……要求还挺多的，那小飞你必须遵守啊。剧院是公共场所，就得讲秩序、守规则，这是对演员和剧院所有工作人员的尊重，也是每个人能好好欣赏演出的保证。

好了，小飞，让我们换上漂亮的衣服，带上高倍望远镜，在火星的夜空下看地球人的火星故事吧，这绝对是难得的体验。本喵宣布，火星夏令营演出季正式开始！

2 三色火星

地球上，关于火星的故事都被归于科幻小说，数量不少。演出季首演的节目是美国科幻作家金·斯坦利·罗宾逊的《火星三部曲》。这可是部鸿篇巨制，由《红火星》、《绿火星》和《蓝火星》三个故事组成，讲述地球人是怎么一步步改造火星的。

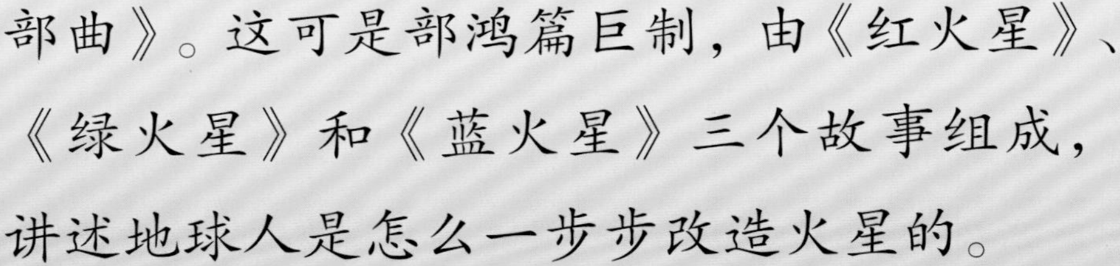

如果你走在街头，问一个人，过几年移民到火星生活怎么样？我想很多人会发出疑问，这件事情可行吗？而《红火星》

就是讲述了这样一个移民故事。这个故事发生的时间为公元2026年，地球人类启动了一项巨大的太空移民计划。他们派出了一支超过百人的队伍，队员包括科学家和工程师，还有改造火星需要的其他技术人员。到达火星后，他们做了很多计划和准备，欲将这个看上去什么都没有的火星改造成第二个地球，为地球移民建造一个美好家园。

队员们经过一系列的计算和商议，决定在火星轨道上放置一面巨大的镜子，也就是超大型反射镜，用以反射太阳光到火星表面上。理论上这种方式聚合的光能够使火星两端的冰层融化。冰层融化成水就能保证火星的水源。有了水，就可以种植植物，其他生物也有可能在火星生存。他

火星，我们来了！

反射太阳光，
融化冰层。

们的计划如火如荼地进行着，一切看上去都很美好。然而，让人想不到的是，在火星发生天翻地覆变化的时候，来到火星上的地球人却面临着另一种挑战，他们的人际关系也发生了巨大变化。梦想的冲突，对如何改造火星意见的不同……有些人毫不犹豫地使用了暴力。

舞台上空，悬浮着赤红色的火星，一闪一闪地围绕太阳旋转着。火星轨道上，一面超大型反射镜正在把太阳光源源不断反射到火星表面上。红色火星两端的冰层就在阳光中一点点融化。

小飞坐在观众席前排，专注地看着舞台。

火星喵忽然冲过来，拍拍小飞的肩膀，

哇，舞台好棒！

激动地说："这舞台效果简直像真的一样，三维立体的舞台背景太棒了。"

"你怎么才来？"小飞轻声责怪道，赶紧拉火星喵坐下，"别说话，已经开演了。"

火星喵悄悄问："《红火星》的故事那么复杂，你们怎么能集中用两个小时演出来？"

小飞笑道："演不了全本的，编剧只是截取了一段故事。这可是金·斯坦利·罗宾逊的大作，他的作品多次获得过星云奖、雨果奖、轨迹奖等世界级科幻大奖。《红火星》被评为1993年星云奖最佳长篇小说、1993年英国科幻协会奖最佳长篇小说、1997年西班牙奇幻小说奖最佳引进版长篇小说……"

火星喵惊叹不已："哇，那我可不能

只看剧，回头我要把小说好好读读。小飞，说实话，你们地球人来火星以前，我都没有真正意识到火星的珍贵。谢谢你，小飞，你们的话剧让我重新审视了火星的美和神奇。”

小飞说：“这叫‘不知火星真美丽，只缘身在此星球’。小说里使用反射镜融解冰层，真的可以做到吗？”

火星喵想了想说道：“根据火星的半径、地表等情况，

好希望过上
地球生活！
电影院

用你们人类的超级计算机来计算，应该能计算出反射镜的大小，还有放置反射镜的具体位置。理论上是可以实现的。不过这个反射镜得多大啊，想想都吓喵。”

小飞指指舞台：“这还不算最惊人的，那个超深天井，能释放热能，这个真的能实现吗？”

火星喵点点头道：“理论上也是可能实现的。”

小飞开心地大叫：“哇！哇！要是真的能实现，火星喵，火星就能像地球那样有青山，有河流，有繁华的城市啦！”

“嘘！”火星喵伸出一只爪子挡在小飞嘴前，“小声点儿，不要影响别人。快看，发生了什么？”

舞台上，一群地球人正在火星红色的

打架，可不是
什么好事！

大地上呐喊、厮杀，战斗十分激烈。

火星喵看得眼睛都直了。

小飞说：“战斗的场景让人热血沸腾！可我还是希望火星能和平。”

《火星三部曲》的第二部是《绿火星》，被评为1994年雨果奖最佳长篇小说、1994年轨迹奖最佳科幻长篇小说、1998年西班牙奇幻小说奖最佳引进版长篇小说。

这个故事发生在2062年，也就是“红火星”故事发生的30多年之后，火星已经大变身，通过超大型反射镜的作用，火星有了水源。人们在火星上种植植物，火星变成了绿色的，甚至下起了鹅毛般的大雪。照这个速度，火星很快就会拥有像地球一样的蓝天和生态系统了。但是人们没有想

在火星上存活下来的人，有坚强的毅力。

到的是，这些成果是有代价的，人类的牺牲也是巨大的。探险队本来有一百多人，在第一次战争后，很多人丧生了，火星上只剩下为数不多的幸存者和在火星上诞生的第一代人。他们的观点也存在很大分歧：一些人认为火星应该保持其本色，也就是贫瘠、荒凉的原始美；另一些人却认为火星就应该被改造，而且要改造成地球的模样，以方便地球人移民到火星。于是，他们又开始了新的斗争。

话剧的上半场结束了。

小飞不高兴："哎呀，为什么话剧要有上、下场啊？不要休息啊，赶紧继续，我正看得津津有味呢。"

火星喵说："对呀，不要休息，正演

火星有绿色了！

到关键时刻呢。气死本喵了！为什么这部剧要叫《绿火星》啊？我们火星明明不是绿色的。”

小飞说：“《绿火星》的名字，来自火星地球化的终极阶段，也就是植物生长使大地呈现绿色的阶段。所以话剧里的火星变样了，变成绿色的了。”

舞台上开始飘散鹅毛般的大雪，很多人开心地在雪花中转圈圈。

小飞问："火星上真的可以下雪吗？"

火星喵说："喵想应该是为了话剧效果而已，火星的大气和地球的大气是不同的，不可能下雪。不过等到火星上长满了植物，有了足够的地表水，相信下雪就能发生了。"

雪花漫天飞舞之中，一个叫西蒙的人，在执行任务的过程中牺牲了，人们将他埋进火星深深的沙坑里。舞台上顿时充满悲伤的气息，很多人在西蒙的坟墓旁陷入沉思……

小飞感叹道："好悲伤的一幕啊。"

火星喵也悲伤地说："是啊，改造火星也是有代价的。你知道他们弄的这个穹

有人为改造
火星牺牲，他们
是人类的英雄！
分解作用

顶是做什么的吗？”

小飞说：“估计是为了改造星球生存环境建造的。”

火星喵点点头：“是的，人类无法适应火星的环境，为了能够留在火星，人们只能用穹顶罩住整个星球，这样就可以在穹顶里过上正常生活了，就像在地球一样。你们地球人真是厉害，奇思妙想。”

小飞问：“那真的可以实现吗？”

火星喵说：“理论上是可以的，但是造价应该挺高的。”

小飞说：“嗯，得花不少钱。”

火星喵说：“其实我有一个疑问，人类与其花这么多钱和精力来改造火星，为什么不把主要精力用来保护地球环境呢？”

小飞扭头盯着火星喵：“我觉得你说

得太对了，人类确实应该好好保护地球，因为只有地球才是人类的家园，无论付出多大的代价想要改造其他星球来让人类居住，是投资大、回报小的事情！回头奖励你爆米花。”

火星喵拥抱小飞，表示感谢。

小飞说：“有机会你跟我回地球玩吧，那里的冬天有很多冰雪，可以溜冰、滑雪、堆雪人、打雪仗。”

火星喵开心地说：“没问题。不过，我看完这部话剧就一直在想，能不能给我们火星真的安装一个穹顶，再派很多地球人过来建设火星，这样火星就会像地球一样美丽了！”

三部曲的最后一部《蓝火星》被评为

地球环境越来越
不适宜人类居住了。

1997 年雨果奖最佳长篇小说、1997 年轨迹奖最佳科幻长篇小说。

在这个故事中，火星真的大变样了。故事始于 2128 年。支持火星改造的人类在战争中胜利了。火星独立了，建立起了新的政府，人们在这里自由而幸福地生活，真正的自由火星诞生了。在政府的良好管理下，火星开展了一系列的建设。红火星和绿火星的时代已经成为过去，现在火星充满了生命力，清澈的水、绿色的大地、蓝色的天空都出现了，成为完美世界。此时，母星地球却因人口爆增经历了各种灾难，人类在地球上已经无法生存。地球人希望移民火星，但是火星政府却不太积极，因此，地球人与火星人之间的关系有些紧张。火星移民计划究竟能不能成功呢？

小飞上厕所回来，问火星喵："演到哪里了？我刚才错过了哪个场景？"

火星喵悲伤地说："不想看了，伤心。"

小飞问："你怎么了？"

火星喵泪眼婆娑："呜呜，地球人来到火星那么努力，就是为了把火星变成第二个地球。那本喵的星球还怎么能称为独一无二的火星啊？本喵的家再也不是本喵自己的家了，呜呜，好伤心。"

小飞抱起火星喵说："别伤心，就算火星真像地球那样，那也是变得越来越好了呀。到时候，你就会有很大的喵别墅，很多的美食，还有更多地球小伙伴来跟你玩，一起看话剧，一起看电影，一起吃爆米花，多开心啊！"

火星喵叹口气说："唉！虽然火星寸

火星再也不是
原来的样子了！

草不生，但我还是热爱自己的家乡。”

小飞指着舞台说：“快看，火星的天边出现了霞光，霞光照耀着山峦，多美啊。”

火星喵笑了起来，道：“哇，真的很美。还有太空电梯，快看，人类坐着太空电梯呢。太空电梯在火星上真的能建造成功吗？”

小飞说：“当然可以了，不久以后人类就可以在火星上建造起太空电梯了。唉，人类怎么又打起来了？为什么在火星上建立了新的家园后，大家还是不能和平相处呢？”

火星喵说：“一代又一代的地球移民之间因为生存环境、语言、信仰等的不同肯定会有分歧的，但我相信，他们一定能解决分歧，共同创造美好的明天。”

乘坐电梯上太空，太爽了。

3 火星上没有公主

三色火星的故事演完了。下一部要上演的话剧是美国科幻作家埃德加·赖斯·巴勒斯的科幻小说《火星公主》。如果火星上有火星人，有不同的民族和国家，还有公主，那会发生怎样的故事呢？来看看《火星公主》吧。

一觉醒来，发现自己在火星上，还被囚禁起来了，美国南北战争结束后，骑兵

狗是人类
的好朋友。

大尉约翰·卡特在探索亚利桑那山区的金矿时迷了路，后来就睡着了。谁知道一觉醒来，发现自己竟然被囚禁在火星上，四周什么都没有，一只可爱的火星狗把他救了出去。他结识了火星人，还被迫卷入了火星上不同国家之间的战争。在战火纷飞中，他爱上了火星公主。为了公主，他奋不顾身，勇敢无畏，终于赢取了公主的芳心，最终平息了火星战争，收获了火星居民的友谊。约翰·卡特和公主在火星上幸福地生活了十年。在一次为火星人开设大气制造厂的工作中，约翰·卡特由于空气稀薄造成的缺氧和过度劳累倒下了。当他再次醒来时，发现自己躺在十年前离开地球的地方——山区金矿，在火星的一切就像是做了一场梦。

不好，
约翰·卡特
被关起来了。

舞台上，一只火星狗在“汪汪”地叫着，叫声回荡在整个剧场中。一名年轻的男子被囚禁在火星上的监狱里。舞台上烟雾缭绕，仿佛身在迷雾之中。

火星喵笑道：“火星狗，天哪，和我火星喵一样是在火星上土生土长的吗？”

小飞说：“《火星公主》这部小说可是20世纪初写的，那时大众还是希望火星上有生物的。”

火星喵说：“哼，地球人现在该清醒了，火星上别说有狗，连个活的细菌都没有。”

小飞惊讶道：“那火星喵你是——”

火星喵打断小飞说：“喵的来历暂时保密。反正火星狗是不存在的，除非你从地球上带来一只。”

小飞说：“《火星公主》是巴勒斯火

我打！

我要比
约翰·卡特
还幸运！

星系列中的第一部作品。他写了好多关于火星的小说，有《火星骑士》《火星众神》《火星之剑》等。巴勒斯最擅长写英雄冒险小说了。他不仅创造了火星探险家约翰·卡特，还创造了人猿泰山！”

火星喵诧异道：“就是那个被猩猩抚养长大的男人泰山吗？”

小飞点头道：“对，就是他。不过约翰·卡特比泰山幸运，到火星打怪兽当英雄，还娶了火星公主，走上人生巅峰。”

火星喵赞叹道：“哇哦，真是好故事。呵呵，我就在火星上，写火星上的事情肯定比巴勒斯写得好。”

小飞说：“巴勒斯的作品受写作年代限制，还有他自身的学识约束，肯定是有缺陷的。在那个时期他写的故事已经很精彩了，影响了一大批小说家的思路和文风。照这故事的样子，我也能写冒险小说。”

火星喵鄙夷地说：“瞧把你能的，理想可真远大，你咋不上天呢？”

小飞不服气地说：“我不上天怎么来的火星？”

火星喵说：“好吧，你赢了。”

小飞叹口气道：“我在地球上每天都要对抗地心引力，在火星上就会轻飘飘的，跳得老高了。在这里我成了超级运动员，要是有篮球场，我一定会称霸火星篮坛。”

火星喵得意地说：“那当然。你看舞台上的卡特也一蹦老高。喵也喜欢篮球，要是再有火星公主在一旁加油助阵，那该多好啊。”

小飞说：“是啊，那该多好啊。”

地球人加油！

突然，火星喵大喊："错了，错了，火星上是没有公主的。火星上都没有人类，本喵可能是火星迄今为止的唯一生物。再说了，火星上这么恶劣的环境，辐射高，气压低，空气又不好，本喵天天穿着航天服都觉得浑身不自在呢，更何况火星公主还穿得那么漂亮，不可能的嘛。"

小飞说："嘘，你小声点儿。不过我真的很喜欢火星公主，那么漂亮，和男主角很般配。还有火星上的几个民族和国家之间的战争，真的好惊险啊，我好担心火星人不能和平相处。万一等会儿我们剧院外面开始打仗了怎么办？不行，我得赶紧回地球，火星太危险。"

火星喵笑道："胆小鬼，不用担心，火星上都没有什么生物，哪儿来的民族和

地球也挺好的。

国家啊，这些都是作家虚构的，想象出来的，放心啦，我们这里不会有战争的，很和平。”

小飞说：“火星喵，你们火星真的没有什么敌人吗？”

火星喵想了想：“要说敌人，还真的有，我想我们最大的敌人就是气候，我们要对抗高辐射、低气压等恶劣的环境，想想每天要穿着航天服生活真是有点难受。所以，小飞啊，你们地球那么温暖宜人，适合居住，一定要好好保护地球的环境，知道吗？山清水秀漂亮的地球，我才愿意去那里玩。”

小飞说：“肯定的，我回到地球一定好好宣传环保。而且，我们热烈欢迎你来地球，我会在家给你准备舒服的床，介绍最漂亮的地球喵陪你玩。”

火星喵开心地拍巴掌：“太好了。这

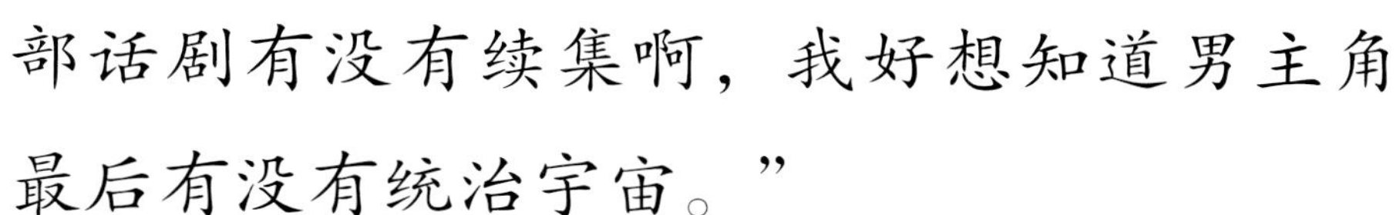

部话剧有没有续集啊，我好想知道男主角最后有没有统治宇宙。”

小飞白了火星喵一眼：“谁也不能统治宇宙！小说家也不敢在小说里这么写！”

4 如果整个火星只有一只喵

“三色火星”和《火星公主》演完了，下一个节目是什么？这两部话剧演员都很多，火星喵有点头晕眼花。好在地球人还带来了一部一个人的话剧。

这就是美国作家安迪·威尔的科幻小说《火星救援》。安迪·威尔本人是位软件工程师，因此小说中对科技的描写细节丰富。最重要的是他生活在当代，很清楚火星上的情况——没有火星人，没有液

态水，甚至没有充足的氧气。他面对的火星完全不是巴勒斯或者罗宾逊想象中的样子，在这片荒凉死寂的异星上，安迪·威尔能做什么呢？他让宇航员一个人面对绝境，寻求生存下去的可能。《火星救援》的故事是这样的：

美国宇航员马克醒来的时候，发现他的队友们都已经返回地球，只有他孤身一人留在火星基地，通信系统损坏，身陷绝境。原来是马克所在的任务小组乘坐飞船前往火星执行任务，飞船刚落到火星就被暴风袭击，任务被迫中断，队员紧急返回飞船准备返航。在飞船撤离过程中，马克被大风吹落的飞船零件击中，没能成功进入飞船。他的队友们以为他遭遇不幸身亡。孤独的马克只能留在火星基地疗伤。下一次

天啊，我迷路了！飞船在哪里？

火星任务在四年以后，马克必须要等待四年才能得到救援，然而基地的补给并不多，不能支撑他度过四年光阴。马克决定自救，设法养活自己。马克利用自己的专业知识改造火星土壤，制造适应土豆生活的环境，成功种植土豆，解决了粮食问题。接下来，马克想方设法修好通信系统，和地球指挥中心取得了联系。指挥中心得知马克活着后，制订救援计划。在中国航天部门的帮助下，救援队成功抵达火星。积极乐观对待困境的马克也终于脱困，顺利踏上回家的旅程。

“风好大啊，”小飞喊道，“火星喵，你在哪里？我什么都看不见了。”

火星喵说：“我看到你了。站着别动！”

“火星喵，快到我这儿来，这里有挡风板。”小飞喊道。

火星喵用尽全身力气逆风飞到小飞身边，大风呼啸着将它往天上拉，小飞眼疾手快，一把抓住了它。

火星喵身上的宇航服沾满了尘土，它顾不上拍打，喘着粗气说：“这是虚拟实景舞台吗？太酷了！”

“是啊，这部话剧只有一个角色，我们的舞美就采用了一些时髦的表现方式。主要是因为我们得比电影《火星救援》精彩！”

火星风暴中，宇航员马克被飞船上吹落的零件打中，躺在地上，眼睁睁看着飞船飞走。马克的航天服开始漏气，触发了

售票处
虚拟实景
很好看呢。

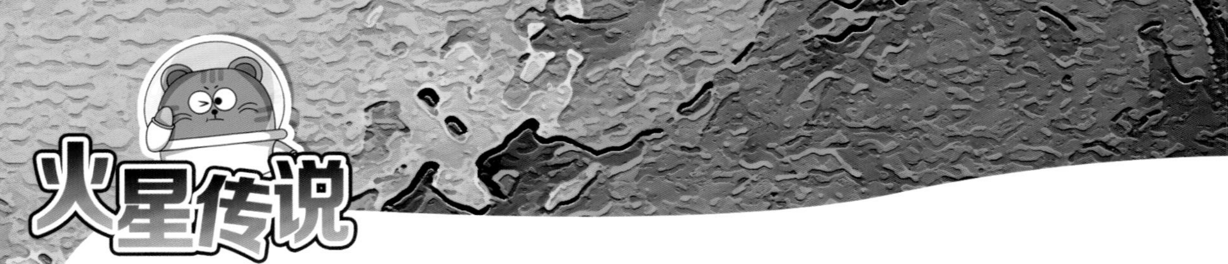

警报系统。

“该死！”马克说，“天啊，我要死在这里了，航天服支撑不了多久了。”

马克艰难地爬到了预先准备好的火星考察基地，进入基地的舱室后，他检查储存的食物时自言自语道：“这些吃的还够养活6个人50天，现在就我一个人，那我还能活300天，要是省着点儿用，说不定我还能活得更久。”

马克看到了储存室中挂着完好的航天服，欣慰地说：“很好，还有6套完好的航天服。外出不成问题。”

“再检查一下后勤，水循环装置工作良好，食物虽然不是很充足，但是定好食物计划的话，我可能还可以活得更久。”马克思考着，下定决心，“我是植物学家

不好！航
天服漏气了！
！

和机械工程师，也许我可以种点儿什么。”

“小飞，”火星喵用爪子蹭了蹭小飞，“咱们去看看马克怎么种出土豆的。”

于是，他们俩一起钻进了马克的种植大棚里。虚拟出来的场景完全和电影里的一样，甚至比电影里的更有真实感。

马克正在挖土豆。他身边已经有了一堆大小不一的土豆。

火星喵兴奋地说：“这简直是大丰收啊！我可以吃炸薯条了。”

小飞笑道：“那些土豆都是虚拟出来的，不能吃。不过，火星上真的能种土豆吗？”

火星喵说：“能不能种土豆，要看火星上的土壤成分是什么。火星土壤是火星表面岩石风化后形成的碎屑，可不是每颗行星都有土的。”

Mac & Cheese x50 → 42.
我一定要
活下去！

小飞问："那这种土壤能不能种植作物呢？能的话，我就带老家最好的土豆种来给你种！"

火星喵摊开双爪，无可奈何地说："我们火星上的土壤中含的成分几乎全是矿物质，目前发现的有机物少之又少。从理论上来讲，应该是不能种植植物的。"

小飞说："我们地球的土壤不仅有矿物质，还含了有机物、水、空气以及微生物。"

火星喵点头道："所以和地球的土壤对比，我们火星土壤没有什么营养成分。但是植物生长需要的化学元素在火星大气、土壤中还是有的。种植植物的话，需要配合施肥，种植前还需要先去除土壤中的高氯酸盐等有毒物质。如果这些营养都配备齐全的话，火星土壤种出植物也不是不可

小土豆，快长大！

能的。”

小飞开心道：“所以火星上还是可以种土豆的！”

火星喵说：“你们地球科学家用火星模拟土壤做实验，成功种植出了水芹、大蒜芥、番茄、萝卜、黑麦、藜麦、香葱、豌豆和韭葱，番茄的味道还不错。但那是模拟土壤，还无法让地球上的农民伯伯到火星上来真正开垦一块菜地。毕竟火星上辐射太强了，大气又稀薄，气温低、温差大，土壤缺乏营养。而我要是去种地，航天服会损坏的，我的航天服很贵的，而且我也不吃地球蔬菜。”

小飞撇嘴道：“你真行，把懒说得这么理直气壮。”

火星喵笑道：“那你来试试。先得给

H_2O
CO_2
CO_2
H_2O
H_2O
种地其实很辛苦。
H_2O
H_2O

菜地搭一个大棚哦，否则种子们一天都过不了就会被冻死。”

小飞哭笑不得地说：“好吧，我不和你讨论火星农业了。这部话剧本身还是很精彩的！”

火星喵摇头道：“恕我直言，在我们火星上，话剧一开头的那场大风写得可不太准确哦。”

小飞问道：“就是那场逼得宇航员哥哥紧急撤离，差点死掉的大风吗？”

火星喵说：“对啊，就是那场大风！在火星上，虽然风速很快，动不动就可以达到地球12级台风的速度，但火星上的气压很低，不到地球的1%，因此风力相对较弱，不可能把宇宙飞船吹坏。所以，《火星救援》这个名字应该改成《火星上没有

动脑子，勤跑腿，
土豆就会大丰收！

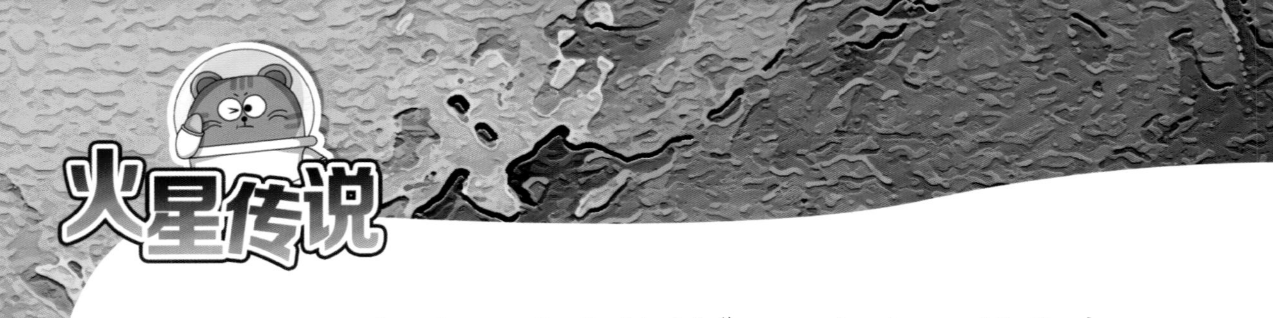

强风，火星不需要救援》！哈哈，那马克就不会被丢在火星上了。”

小飞说：“艺术允许适当地加工。假想一下火星上有大风这个没毛病。作者安迪·威尔后来也知道火星上不可能有强风，但火星上风中的沙尘暴是带电的，他说应

该写飞船是被电坏的。这样剧情可以照常发展。再说这故事主要表现马克的坚韧不屈，和沙尘暴没太多关系。”

火星喵点点头：“这故事写得是挺不错的，虽然开头的大风不太科学，但是看在这部话剧很好看，而且演员表演很辛苦的份儿上，本喵就原谅作者了。”

小飞想了想，问道：“火星喵，我很好奇，为什么火星上的气压那么低呢？”

火星喵回答道：“因为我们火星和地球是不一样的。地球有磁场保护，而我们火星没有，我们的大气层都被太阳风吹跑了。火星曾经也有磁场保护，也有温暖湿润的气候，只不过……唉，不说了，说出来都是眼泪啊。”

小飞吓了一跳：“照你这么说，火星

以前也和地球一样美了？我好担心我们地球会变成现在的火星！”

火星喵拍拍小飞的肩膀说：“别担心，地球个头比火星大，磁场在可预见的未来不会消失，只要你们保护好环境，一定没问题的。”

小飞抚摸胸口，松了口气道：“那我就放心了。不过火星上种土豆到底科学不科学啊？”

火星喵嘴里塞满了爆米花，嘟囔道：“等我吃完再说。”

小飞看着它的样子，笑着抢过爆米花：“不行，我也要吃。”

火星风暴来了……

了一处疑似有金属建筑的区域。他们正要继续前行，风暴袭来，巨大的沙尘旋涡阻止救援小队靠近。随后，沙尘旋涡又变成了蛇形的龙卷风，仿佛有生命一般朝着探险小队袭来。救援小队的队员们纷纷倒下，风暴才慢慢停息、从容散去，地面露出了一座巨大的金字塔形建筑物。

火星喵惊叹道："天哪，好宏伟的建筑，这个舞台效果太棒了！这是哪个外星人留在火星上的呢？"

小飞想的却是另外一件事："2020 年，中国发射了火星探测器！这个电影在时间上太巧合了。哈哈，这部电影简直就是来火星考古啊。我以前经常去博物馆看文物，什么宋代的瓷器、唐代的唐三彩，还有秦始皇陵兵马俑，一直梦想自己哪一天可以

快看，考古
直播开始了！

有一天我要
去火星考古！

去太空考古，看看太空考古能找出来什么宝物，没想到有一天可以到火星来考古，实在是太激动了，我的梦想真的实现了！”

火星喵说：“火星考古？这个新鲜。等这个演出季结束，我们一起去学习考古技能，准备考古工具，到奥林匹斯山考古好不好？”

小飞拍巴掌，开心地说：“那太好了，我们考古的时候我能对地球在线直播吗？相信会有成千上万的小朋友来我们的直播间。”

火星喵得意道：“那当然可以了，毕竟本喵的火星是全宇宙最好的星球。”

小飞瞪着火星喵：“我给你一次重新组织语言的机会。”

火星喵无奈地说：“最好的星球之一，

太空飞船的内部。

之一。”

小飞说：“《火星任务》这部电影由美国国家航空和宇航局即‘NASA’全程参与指导，科学性还是很强的。技术顾问可是保持太空行走时间纪录和服役时间最长的宇航员斯多里·马斯格雷夫，还有曾经主管NASA先进项目及未来概念的刘易斯·皮什、国际空间站首席科学家凯茜·克拉克、‘火星探险者’计划的首席科学家马特·格伦贝克。空间站、太空飞船都表现得特别真实。”

火星喵问：“那你们地球人是怎么思考这种科幻电影的呢？”

小飞得意扬扬地说：“你这个问题可难不倒我，我在地球上一天看一部电影，每天都会学习跟电影有关的知识和技能呢。

让我来告诉你答案吧。这部科幻电影是以目前太空科学的研究、推测与模拟为基准，创作出的写实的细节，再组合成虚构的故事，总之就是有科学内核的好作品。”

火星喵点点头：“也就是说，虽然电影拍出来是虚构的故事，但是从理论上来说有可能成真？”

小飞说：“是的，就是这样。科幻电影也代表着我们地球对宇宙的无限幻想与美好未来的期待。很多小朋友耳熟能详的电影《2001 太空漫游》中，库布里克以 360 度环绕太空舱内部的手法，在这部火星考古电影中被发扬光大。片中登陆火星的太空飞船外观与内部场景，都是根据 NASA 准备未来登陆火星的理论设计的，有一场戏导演用一镜到底的拍法，带观众用仰俯

火星上真的
没有火星人吗?

以及环绕角度看太空舱内部的精密仪器和陈设，画面十分有震撼力。”

火星喵拍拍手：“哇，果然是科幻大片呢。每一个镜头和场景都很不一般啊。飞船失灵、燃料泄漏的话，人类是无法生存的，很多人因此失去生命，好伤心。在这种情况下，男主角还能力挽狂澜，真的好勇敢、好坚强啊！”

小飞说：“电影中还说亿万年前外星人在火星留下过痕迹和信息呢？我去翻翻《火星纪年》，看看这到底是不是真的。”

火星喵说：“我已经替你翻过书了，我们火星上还有很多未解之谜，所以不能确定火星上有没有外星生命的痕迹。”

小飞说：“其实这部影片会让人联想到其他很多科幻电影。不过相比那些影片，

地球和火星
要好好相处啊。

本片更见科学智慧、人类感情，以及地球与其他星球之间关系引发的思考，我们和火星以及其他星球如何相处，是特别应该去思考的问题，你说是不是？”

火星喵说：“说得对。希望我们两个星球能常来常往，和平相处。来，奖励你一根火腿肠。”

6 火星微生物的威力

演出季已经过半，下面的三部作品都是中国的。中国科幻小说中以火星为主题的优秀作品很多。早在20世纪50年代，郑文光先生就写出了充满朝气的《火星建设者》。

1988年，刚从大学毕业的热血青年薛印清乘坐“火星四号”飞船来到火星上的太阳谷，与地球上同来的4000多名建设者一起，开始了对火星的改造工作。

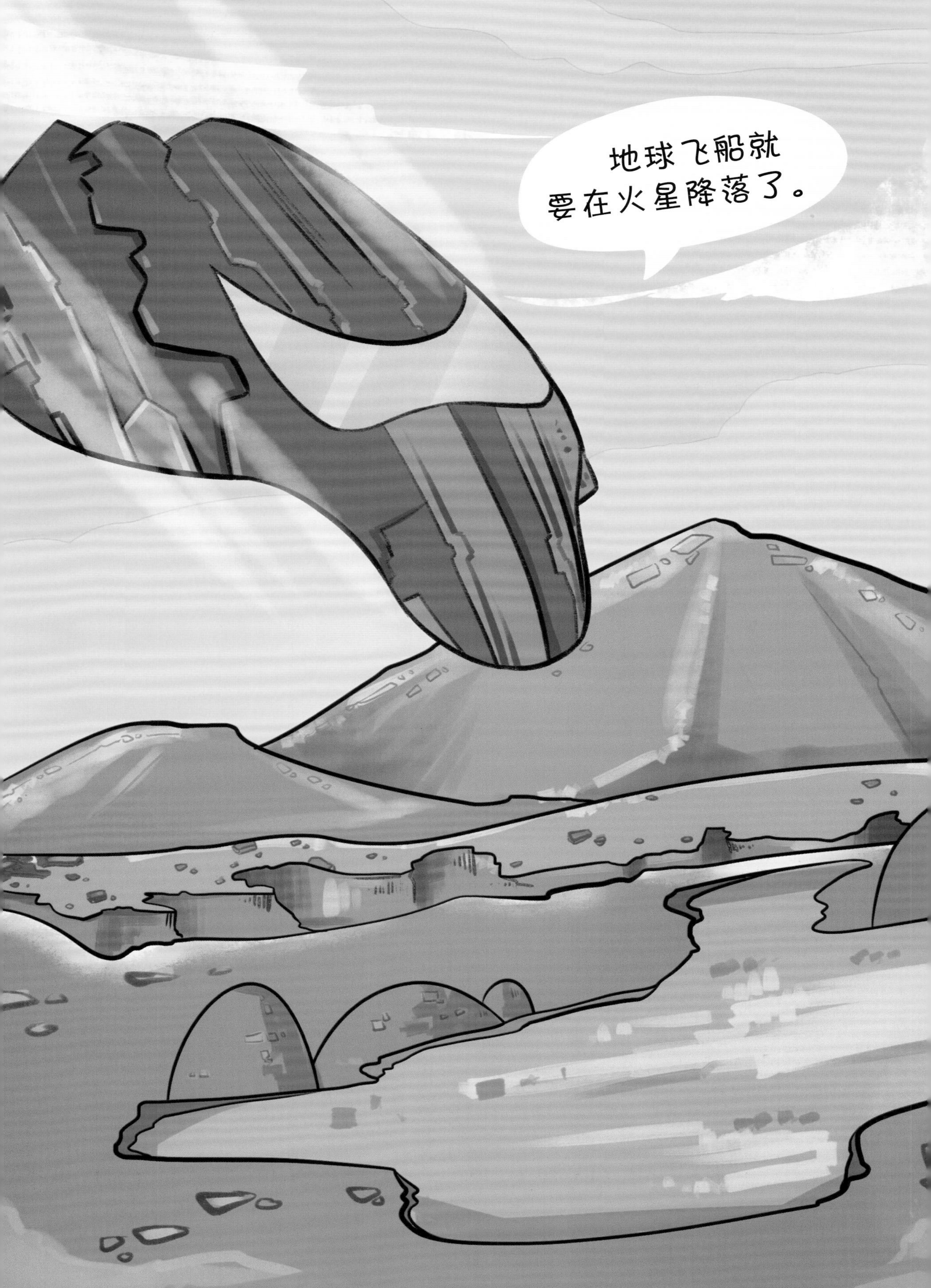
地球飞船就
要在火星降落了。

他们迅速建造起和火星环境完全隔绝的特殊房屋，一开始很顺利，但在第一周就有 1/3 的房屋倒塌了，很多人因暴露在宇宙射线中遭到辐射，生了病。于是建设者们转变思路，开始挖地下隧道躲避辐射，并且将大部分的人类活动转移到隧道中进行。

在薛印清和火星建造者们的努力下，太阳谷中陆续建起发电厂、水合成工厂和火星综合研究所。建设者们还改良了 2000 平方千米土地，播下了小麦种子。正当一切都欣欣向荣时，原子核实验室突然爆炸，80 名杰出的科学工作者不幸牺牲。接着，火星微生物带来了一场大瘟疫，太阳谷被死亡的阴影笼罩。

火星基地
建设起来了。

经过这些磨难，薛印清发现只在太阳谷建立一个人类城市是错误的策略，应该建设多个据点，将人类分散开来，以防灾减损。在薛印清提议下，建设者们在火星北极建立了第二个研究中心，并分散建立了八个城镇。在这些人类聚集地中，有农场、实验室，还有重工业和轻工业工厂。各地之间开通了定期的航班。

建设者们安居乐业，开发火星上的矿产，还培育出了许多新物种，其中有“太阳谷”农场每株重5公斤的小麦“赤道”；牧场的乌克兰种大白猪，它居然跟坦克一样重——30吨；还有跟老鹰一样大的鸽子，以及让地球上的狼见了都害怕的白兔……

舞台上，火星大地被一座座造型各异

火星上有了房屋，渐渐会像地球那样热闹。

的房屋分割，火星建设者们在房屋内外忙碌着。

火星喵感叹道：“4000 多名建设者来到火星，真的建造出了与外界完全隔绝的特殊房屋，分解地下岩石中的氧气作为呼吸气体，这也太神奇了。”

小飞问：“这样的操作是科学的吗？有可能实现吗？”

火星喵想了想说：“从理论上来说，可以的。”

舞台上，暴风袭来，土地开始松动，房子纷纷倒塌了，人们开始哭喊：“为什么在火星上生存就这么难？”

小飞伤感地说：“刚才我们还说这样的方式可行呢，现在房子都倒了很多了，

房屋在倒塌，怎么办……

太可怜了。”

火星喵说：“劣势很明显。你看，房子安装了分解地下岩石中氧气的机器，却没有料到岩石被分解后，化学性质的改变会引起它物理状态的变化，在暴风中，坚硬的岩基很快崩解为细沙，房屋因此倒塌了。”

舞台上，火星建设者开始向下挖地洞，这样可以隔绝辐射。

小飞指着舞台：“你看，不少人因为房屋倒塌不得不暴露在强烈的宇宙射线中，得了辐射病。但是我们地球人并没有放弃，学地鼠挖地下隧道，这样就能隔绝可怕的辐射了。”

火星喵赞许道：“这个是可以实现的。”

我们要搬
到地下去。

我们搬到地下隧道里去就安全了。

小飞突然叫道："哇，我才发现这是作家郑文光的作品，他写的《飞向人马座》受到了很多科幻迷的喜欢。而且咱们这次看的话剧，剧情设定的时间是中秋节。中秋节是阖家团圆的日子，也是咱们中国最重要的传统节日之一。火星建设者将来也要在火星过中秋节。"

火星喵说："我还没过过中秋节，下次中秋节我去地球找你玩好不好？"

小飞笑着说："当然没问题啦。这个故事真好。火星建设者们改良了火星土壤，种植了小麦，还养了猪！"

火星喵说："剧情里火星发生了瘟疫，病因是一种特殊的微生物，这我们可要小心。本喵要加强检测机器人对火星微生物的检测，保障你和地球剧团在火星的安全。"

爷爷他们那一代
人改造了火星，我们
才能在火星过中秋节。

小飞说："太感谢了！我相信火星上不会有微生物捣乱的。对了，火星上养的猪好吃不？我已经好久没吃过红烧肉了。"

火星喵笑道："那等我们养出来的时候就知道了。到时候，你一定要来尝尝。"

哇，我也想吃了！

7 火星的坏脾气

《火星建设者》洋溢着人类建设者们乐观向上的积极探索精神。在中国科幻作家的作品中，这种精神还伴随着自我牺牲和奉献。在中国人的血脉中，个人和集体是不可分割的，只有集体存在才能保护个人，因此，个人就需要为集体添砖加瓦。

科幻作家苏学军的小说《火星尘暴》就讲了这么一个为了整体利益牺牲自我的故事。

火星长城考察站，它的建立目标是寻找火星上稀有的水源。4名地球科学家秦林、叶桦、王雷和刘扬在考察站工作。

在一场火星尘暴中，秦林千辛万苦寻找到一株火星蘑菇。他将蘑菇带回考察站，偷偷种进考察站的温室。一夜之间，火星蘑菇就长满了整个温室，不但挤压掉了蔬菜的生存空间，还吸收掉了考察站几乎所有的水。由于尘暴，其他科考站无法运送水和蔬菜过来，科学家们面临生存危机。叶桦决定外出寻求救援，驾驶飞船冲进沙尘暴，不幸牺牲。王雷相信叶桦还活着，食用了火星蘑菇后悄悄离开了考察站。找不到王雷，深感愧疚的秦林试图自杀，被刘扬救回。在刘扬的鼓励下，秦林重振求生的勇气，两人开着火星漫游车前往发现

科研人员在火星上做各种试验，希望找到水。

蘑菇的地点，希望通过火星蘑菇找到水的踪迹。途中，他们发现了王雷的遗体。为了能找到水源，秦林吞食了火星蘑菇。在蘑菇所含的亲水因子指引下，他们进入火星的地底洞穴，终于找到了暗河，不仅生存无忧，人类也将能够移民火星，进行大规模开发建设。但是秦林却被火星蘑菇的毒夺去了生命。

小飞说：“火星的大气和地表环境，比太阳系内的其他行星更接近地球，所以地球人才来火星考察，寻找生命的迹象。要知道，人类总是担心地球有一天会不适应人类居住，所以科幻小说里总有这样的情节，人类的探险队来火星考察，寻找水源，寻找生命可能存在的痕迹。”

曾经，火星
有很多水。

火星上没有液态
水了。只剩下含氧化
铁 Fe_2O_3 的土壤了。
Fe_2O_3
Fe_2O_3

火星喵摇头道："可惜，火星上这条件，还不适合地球人居住。"

小飞叹息道："是啊，现在除了地球以外，没有其他星球适合人类居住，所以我们要努力保护地球。"

火星喵说："我们脚下的这个红色星球，它在形成的初期阶段，和地球差不多，有稠密的大气层，有汹涌澎湃的海洋，还有连片的陆地，陆地上到处是脾气暴躁的火山……但是后来，火星偏离了原来的运行轨道，火山打蔫了，海洋干涸了，大气层中的大部分气体都流散到了外层空间，火星才变成了现在这个荒凉的样子。"

小飞伤感道："真是太可惜了。要是火星还是以前的火星，或者人类早一点儿登上火星就好了。"

火星沙尘暴来了！

火星喵指着舞台喊道："快看，考察者发现了火星蘑菇。太好了，火星原来是有生命的！"

小飞说："是啊，考察者是秦林，拿到这株蘑菇真不容易。"

火星喵笑着说："我喜欢这样的故事。"

小飞瞪大眼睛道："不好，沙尘暴！"

舞台上，火星裂谷，沟壑纵横。火星漫游车停在一块巨石旁，秦林正拿着放大镜埋头寻找感兴趣的东西，他的脸几乎贴到了石壁上。

忽然，峡谷中的光线暗淡下来，狂风掠过，火星沙尘暴来了。

但是秦林看到了绝壁上的火星蘑菇，他背起登山绳索，向峭壁上攀登。航天服

哇，火星蘑菇！
它有什么用途啊？

严重阻碍了他的行动，他随时有坠入深谷的可能。

此时，天空中飞沙走石。秦林一手扒住岩石，一手轻轻采下蘑菇。沙尘暴袭来，将他抛入空中，又重重地摔回地面。秦林蜷成一团，紧紧抱住那株火星蘑菇。

火星喵捂住眼睛，喃喃自语："太吓人了！太吓人了！"

小飞说："别怕，秦林还活着。故事才开始呢。后面会更惊险好看！"

火星喵缓缓放下手说："太好了，秦林被救回考察站了。但是，唉，他的火星蘑菇闯祸了！"

火星蘑菇吸收了考察站的所有水分，疯狂生长，给所有人带来了灭顶之灾。外

原来，火星的水都在这儿！

出求援的叶桦牺牲了，去寻找叶桦的王雷牺牲了。舞台上，一段段剧情扣人心弦。终于，刘扬和秦林历经艰险，找到了火星的地下暗河。

一望无际的湖泊，辽阔的水面没有一丝波纹，像镜子一样光滑。从洞顶渗下来的水珠滴落下来，在水面上溅起微微的涟漪。

秦林看着面前的湖泊说："整个火星的水大概都藏在这儿了。"

"火星真的有水，而且是丰富的水源。"刘扬感慨。

"看到了吗？火星是可以改造的，火星上是有水的，我们可以用这些水把火星改造成地球。"秦林越说越激动。

刘扬看着秦林，感觉他的脸红红的，

火星蘑菇中含
有大量亲水因子。

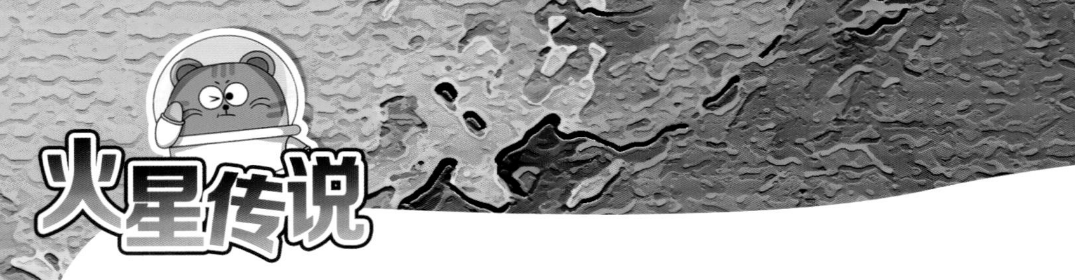

似乎在发烫。

“我在做试验时发现，火星蘑菇有一种强烈的亲水因子。在这种亲水因子的引导下，火星蘑菇的种子可以随风飘到数万公里外有水的地方，这是火星蘑菇为了适应火星干旱的土地而进化出的生存能力。”秦林解释。

刘扬恍然大悟，激动地说：“原来我们能找到水，是因为你吃了火星蘑菇！”

秦林苍白的脸上微微一笑：“是的，我吃了火星蘑菇。火星蘑菇的亲水因子可以使生物对水的敏感度提高数万倍。我吃了火星蘑菇后，就能感受水的存在。没有火星蘑菇，我们会被困死在火星大裂谷中，我们永远不会发现这个火星大暗河。”

火星蘑菇，
我找到了！
秦林，你怎么了？

小飞明白了："原来火星蘑菇里有亲水因子，只要吞下火星蘑菇就能快速发现水源。"

火星喵伤心地说："但是吞下火星蘑菇就会让人中毒，你看，其他三个队员都死了。这么毒的火星蘑菇，为什么考察队员不扔掉？"

小飞说："队员们从地球飞到火星来，付出这么多努力，就是为了找寻火星的水源。亲水因子可以使生物对水的敏感度提高数万倍，以引导其他人找到水源。主角自己吞下火星蘑菇，他这种大无畏的牺牲精神特别可贵。"

火星喵感动地哭了："你们地球人真高尚。为了集体利益而牺牲生命，太值得钦佩了。"

那些为了开发
火星牺牲的勇士，
是我的楷模！

8 火星欢迎你

本次演出季的最后一个剧目，就是根据刘洋的科幻小说《火星孤儿》改编的话剧了。这出压轴戏很有意思。

故事讲的是地球上突然发生了一次大型的停电事故，就是全球各地同时停了电，人们陷入一片恐慌，并引发了全球性火灾，使地球看上去像“火星”了，而并不是说故事发生在火星上。大家不要误会哦。随后空中居然出现了许多块悬浮的石碑，这些石碑不知道是从哪儿来的。后来人们才发现，原来石碑上是一道道题目，需要地球人来解答，有很多科学家试着去解答，但是大家似乎都不懂这些符号是什么意思。最后，科学家还是决定由中国学生来解答。科学家认为，在整个地球上，只有孩子才能寻找到答案，尤其是那些准备接受各种考试检验的孩子，比如正准备高考的孩子，最终他们选中了近藤中学。

孩子们一直不停地研究、计算，经过了很久的尝试，还真就有了答案——一组数字。直到这时，人类才意识到原来是外星文明遭遇了生存危机，他们试图逃脱，不得不从地球的电力系统中获取能量，这就是地球停电的原因。随后他们又推测出

电子束发
射器，启动！

地球上可能存在智慧生命，于是就用石碑上的符号与地球智慧生命进行联络，来寻求帮助。最后，这些准备参加高考的孩子们竟然搞出了电子束发射器，不仅为外星文明提供了能量，挽救了外星人，还挽救了地球。这时地球人才明白，原来这些外星人在二维世界生存，他们与人类的三维世界交错在一起，但却看不见彼此，彼此之间只能用这种方式联络。

舞台的背景是蓝色的地球，前面布置成了一间教室，学生们坐在课桌前，表情严肃。他们头顶悬浮着一块一块石碑，石碑上刻着不知道属于哪个文明的文字。

小飞说：“天哪，我看到我们地球的高考生了，他们在干什么？”

石碑上都
写了什么？

火星喵瞥了他一眼："考试呗。"

小飞倍感惊讶："可是那些石碑随时可能砸到考生身上啊！难道这些石碑就是考试题目吗？"

火星喵说："应该是。这些石碑上写的什么，我怎么都看不懂？"

小飞说："别小看这些石碑上的题目，可能是一些宇宙终极问题呢。"

火星喵赞叹道："这个舞台效果太真实了，小飞，你们地球人太厉害了。"

小飞说："刘洋的这部小说很奇特，开篇很大部分都是写那个疯狂的学校，就是专门用来考大学的高考学校。这部剧写的场景很真实，高考的学子们就是这样，每天三点一线、起早贪黑。为了考高分、上好大学，做试卷、改错题……辛苦的同

这是一场宇
宙级别的考试。

时承受着巨大的心理压力。想想，高考生是真的不容易。我以后也会参加高考，天啊！”

火星喵说：“原来地球的孩子们是这样生活的，那压力肯定会很大吧？要不下次火星夏令营我们不演戏了，邀请地球的孩子们过来彻底放松一下。”

小飞鼓掌道：“那一定会有很多小朋友报名来参加的。喵，你知道吗？《火星孤儿》是一部灾难题材的科幻小说，作者是个物理学博士，我还听过他的讲座呢。”

火星喵说：“怪不得这个故事里的科学味儿很不一样，学物理的人总要想点儿深奥的问题……”

突然，舞台漆黑一片，只有背景的地球在闪光，细看是在燃烧着熊熊大火。

要是不好好读书，人类可能会遭遇厄运。

火星喵惊叫道："天哪，停电了！小飞，你在哪里？我好害怕啊。"

小飞笑道："胆小鬼，这是舞台效果，不是真的停电，别害怕。"

火星喵说："哈，我当然知道这是舞台效果！这场大火是由地球突然停电造成的，而且引发了全球性火灾，使地球看上去像'火星'，所以这件事并不是真的发生在火星上的。我刚开始看题目的时候以为这些孩子是在火星上呢。"

小飞说："是啊，这个书上说的'火星'并不是'火星'这个星球。"

火星喵问："那为什么这些问题全都被交给了近藤中学的学生呢？"

小飞挠挠头，说："我想应该是近藤中学最近的升学率最高，那里的孩子有可

同学们一起努力就能找到问题的答案。

能最聪明吧，所以就接到了这个重任。真是任重而道远啊。”

火星喵说：“那近藤中学的同学们要加油。还有，‘孤儿’这个词怎么解释呢？”

小飞说：“后来近藤中学的同学们在被隔离的空间站学习、解题，这个被隔离的空间站与茫茫宇宙相比，就显得很孤独，所以在这里学习的同学们被叫作‘火星孤儿’。”

火星喵恍然大悟：“原来是这样啊。哇，你看，那些悬浮的石碑很有画面感，拍成大片应该很棒呢。而且可能因为这个作者是物理学博士，所以对科技细节的描写十分细致，包括外星人改变电子的自旋方式，还有空间站的种种细节，让我如同就在空间站一样。”

我们就像是
在火星上读书。

在空间站里，
大家用功学习。

小飞说："很多地球孩子都说看完这部作品觉得很震撼，不只是因为剧情的描摹是基于高考这件人生大事，跟他们有很大关系，容易引起共鸣，更多的是因为小说里包含了科学最重要的精神，那就是质疑。面对地球的困境，一般的既定方法解不出来外星文明出的题，这个时候只有颠覆旧观念和方式，创新方式方法和转变思路、发散思维，才能找到真正的答案，这对每一个孩子来说都是非常重要的事情呢。"

火星喵说："我也看过地球的科幻小说，听说科幻小说不仅仅是要描写几个奇观场面、叙述几个惊险情节，更重要的是构造出一个自洽且足够奇异的新世界，它很严格，又有极大的想象力。所以我看到这个作品感觉很不错。”

小飞说：“其实科幻作家也是在探索宇宙的真实面目。在这一点上，他们与科学家和哲学家是没有区别的，所以，人家都说，科幻作家从本质上讲不是玩文字游戏的。”

火星喵说：“我看了你送给我的几本科幻小说，像《银河帝国》《三体》，对

我来说，读科幻小说的一个体验就是，我们可以在短短一生中，投入精力去做一些自己真正热爱的事，要不按常理出牌，也不按部就班，更不重复别人做过的事。”

小飞说：“是啊，我也是这么想的，在科幻的世界里天马行空，在宇宙中任意驰骋，这是每个人的梦想吧。这部小说让我想到很多经典作品，包括《三体》和《乡村教师》，也包括《童年的终结》和《安德的游戏》。”

火星喵说：“是的呢，而且作品中说的物理题和数学题，我这样的高智商喵都算不出来呢，相信地球上的孩子们比我聪明，应该会找得到答案的。”

小飞说：“最后这个问题被孩子们解出来了，是不是很棒啊？”

看科幻小说可不
是仅仅看故事！
三体

火星喵开心地说："喵呜，太棒了！火星夏令营演出季结束了！地球的同学们，我们欣赏了七部改编自科幻小说的精彩话剧，希望你们能对火星有所了解，和我一样喜欢这个红色的漂亮星球。放假了来火星玩吧！火星夏令营没有作业！火星欢迎你！火星喵等着你啊！"

火星夏令营
这里有
火星蘑菇！

欢迎到火星来！